Bibliografische Information der Deutschen Nationalbibliothek:

Die Deutsche Bibliothek verzeichnet diese Publikation in der Deutschen National-
bibliografie; detaillierte bibliografische Daten sind im Internet über http://dnb.d-
nb.de/ abrufbar.

Impressum:

Copyright © 2017 GRIN Verlag, Open Publishing GmbH
Druck und Bindung: Books on Demand GmbH, Norderstedt Germany
ISBN: 9783668557871

Dieses Buch bei GRIN:

http://www.grin.com/de/e-book/378243/alpha-gamma-spektroskopie-physikalisches-
praktikum-fuer-fortgeschrittene

Moritz Lehmann, Niklas Stenger

Alpha-Gamma-Spektroskopie. Physikalisches Praktikum für Fortgeschrittene

GRIN Verlag

Physikalisches Praktikum für Fortgeschrittene

Universität Bayreuth

α-γ-Spektroskopie

Moritz Lehmann, Niklas Stenger

Gruppe 9

13.09.2017

Inhaltsverzeichnis

1. Zielstellung des Versuches

Radioaktivität ist allgegenwärtig. Auch ohne künstliche Quelle (wie diesem Versuch), enthalten zahlreiche Stoffe radioaktive Nuklide. Diese Radioaktivität führt zu immerhin 9000 Zerfällen im menschlichen Körper pro Sekunde, sprich 9 Kilobecquerel.[1]

Es treten verschiedene Arten von Radioaktivität auf. Während bei Betastrahlung die Energieniveaus kontinuierlich sind, werden bei diesem Versuch die diskreten Energiespektren von Alpha- und Gammastrahlung verwendet.

Die Anwendung von Radioaktivität beispielsweise in der Szintigrafie, bietet die Möglichkeit der Darstellung von bestimmten Geweben. Hierzu wird beispielsweise ein radioaktives Isotop des Elements Jod verabreicht. Diese Substanz reichert sich in einigen Regionen an und kann dort durch spezielle Instrumente sichtbar gemacht werden.

Doch Radioaktivität birgt auch Gefahren, wie beispielsweise Zellschäden. Deshalb wurde auch eine Strahlenschutzeinführung erforderlich.

Wir führen bei diesem Versuch diverse Messungen mit Alphastrahlern und Gammastrahlern durch, beispielsweise für die Abschirmung.

2. Fragen zur Vorbereitung

a) "Welche Prozesse tragen zum totalen Schwächungskoeffizienten von Gammastrahlen in Materie bei? Wie hängen die verschiedenen Prozesse von der Energie der Gammaquanten ab? Wie hängt die Schwächung vom Material ab?"

Der totale Schwächungskoeffizient besteht aus drei Phänomenen. Es gilt die Gleichung $\mu = \tau + \sigma + \chi$. Der erste Summand bezeichnet die Photoabsorption, der zweite stellt die Streuung dar, der dritte Summand ist die Paarbildung. All diese Prozesse tragen zur Abschwächung der Gammastrahlung bei.

Die Photoabsorption beschreibt das Phänomen, dass ein Gammaquant ein Elektron aus der Atomhülle herausschlägt, die Wahrscheinlichkeit hängt hierbei vom Wirkungsquerschnitt ab, es besteht für den Wirkungsquerschnitt und damit für die Eintretenswahrscheinlichkeit ein Zusammenhang mit $E_\gamma^{-3,5}$. Dies ist die sogenannte Born-Näherung.[2]

Die Streuung ist in diesem Fall der Comptoneffekt, der die Streuung eines Photons an einem Elektron beschreibt. Die Wahrscheinlichkeit dieses Effekts muss wieder durch den Wirkungsquerschnitt beschrieben werden. Dieser Querschnitt wird hier durch die Klein-Nishina-Formel beschrieben. Es besteht ein relativ komplizierter Zusammenhang mit der absoluten Photonenenergie. Dieser lautet[3]

$$\sigma = \frac{\pi\alpha^2}{m^2}\frac{1}{x^3}\left(\frac{2x(2 + x(1+x)(8+x))}{(1+2x)^2} + ((x+2)x - 2)\log(1+2x)\right)$$

x steht hier für das Verhältnis zwischen Energie und Masse.

Der letzte Teil, die Paarbildung bezeichnet die Bildung eines Systems aus einem Elektron und einem Positron. Hierbei muss das Photon zumindest die Ruheenergie von Positron und Elektron besitzen, also 1,022 MeV. Danach steigt die Wahrscheinlichkeit logarithmisch mit der Energie der Gammastrahlung.

Die Schwächung hängt vom Wirkungsquerschnitt und damit der Kernladungszahl des abschirmenden Materials ab, außerdem noch von der Dichte. Angegeben wird meist die Halbwertsdicke, die analog zur Halbwertszeit bis auf einen Vorfaktor ln 2 der inverse Schwächungskoeffizient ist. Dieser Wert steigt mit der Energie der Gammaquanten. Besonders gut schützt Blei, was durch eine niedrige Halbwertsdicke erkennbar ist. Luft hingegen schirmt hingegen nur schwach ab, was intuitiv klar ist.

b) "Wie kommt die Compton-Kante im Gammaspektrum zustande (s. Anhang A)?"

Diese Kante entsteht durch die Abhängigkeit des Energieübertrags vom Streuwinkel beim Comptoneffekt. Bei einem Winkel von 180 Grad wird die maximale Energie übertragen, das bedeutet, dass die Energie am meisten sinkt. Bei diesem durch Streuung maximal reduzierten Energiewert liegt im Energiespektrum die Compton-Kante. Diese äußert sich durch einen Abfall der Intensität bei der entsprechenden Energie.

c) "Wie wechselwirken α-Teilchen mit Materie?"

Das hauptsächliche Phänomen, das hier auftritt, ist die Ionisation. Das bedeutet, dass ein Alphateilchen mit genug Energie ein Elektron aus der Elektronenhülle eines Atoms herausschlägt. Dieses Elektron kann weitere Elektronen aus anderen Atomhüllen herausschlagen. Weiterhin sieht man diese Reaktion in Nebelkammern oder durch die Schwärzung von Photoplatten. Wichtig ist hierbei, dass hier auf einer kurzen Strecke im Target viele Ionisierungen erfolgen, was zu einer schnellen Energieabgabe führt, sodass nach einigen Zentimetern Luft die Strahlung keine Auswirkung mehr hat, also auch nicht mehr schädlich ist, da die gesamte Energie schon abgegeben ist, also das Ionisierungsvermögen von Alphastrahlung hoch ist.

d) "Wie funktionieren ein Halbleiter-Detektor, ein Proportionalzählrohr und ein Szintillationszähler? Warum und mit welchen Einschränkungen sind diese Detektoren für spektroskopische Zwecke, d.h. für eine Energieanalyse der Gammastrahlen geeignet? Wie unterscheiden sich die wichtigsten Daten (Energieauflösung, Ansprechempfindlichkeit, zeitliche Auflösung)?"

Ein Halbleiter-Detektor besteht aus einer Diode und benutzt die ionisierende Wirkung von Strahlung. Werden Elektronen herausgeschlagen, entstehen Paare aus Elektronen und Leerstellen, die dazu führen, dass durch das angelegte Feld ein Strom fließt, der gemessen werden kann. Je höher die Energie ist, desto mehr Sekundärionisationen treten auf. Durch eine höhere Zahl der erzeugten Ladungsträger ist der relative statistische Fehler geringer, was zu einer Energieauflösung von etwa 1% bei Alphateilchen führt. Die zeitliche Auflösung hierbei ist aufgrund des schnellen Herausschlagens von Elektronen im Pikosekundenbereich von anderen Bauteilen wie dem Verstärker abhängig (ca 10^5 Detektionen pro Sekunde sind möglich, wobei 10^{12} aus der Ionisation allein möglich wären). Die Ansprechempfindlichkeit hängt hier von der Ionisierungsenergie ab. Teilchen, die zu wenig Energie haben, um zu ionisieren, werden nicht detektiert. Für eine Detektion von Gammastrahlen muss der Detektor relativ groß sein, da Gammastrahlung nicht sehr stark ionisiert.

Bei einem Proportionalzählrohr kann ebenfalls Gammastrahlung durch die Ionisation detektiert werden. Hier werden verschieden große Elektronenlawinen ausgelöst. Jedoch unterliegt auch dieser Prozess statistischen Fluktuationen. Diese erhöhen sich durch die Verstärkung des Elektronenflusses im Gas. Daher ist die Energieauflösung mäßig. Mit der Zeit für eine Entladung von etwa einer Mikrosekunde ergibt sich eine zeitliche Auflösung von etwa 10^6 Teilchen pro Sekunde. Auch hier ist die Ionisierungsenergie der maßgebliche Faktor für die Ansprechempfindlichkeit.

Im Szintillationszähler wird die energetische Anregung durch Radioaktivität ausgenutzt. Durch den Energieübergang auf das ursprüngliche Niveau werden Photonen ausgesandt, diese elektromagnetische Strahlung kann verstärkt und schließlich detektiert werden. Hierbei ist eine Auflösung der Energie gut möglich, weil die Impulsstärke von der Energie der einfallenden Gammaquanten abhängt. Die Energieauflösung wird hierbei durch Rauschen bestimmt, es ist wichtig, nur die reinen Impulse zu bestimmen. Diese Impulse müssen möglichst genau gemessen werden. Prinzipiell besteht aber ein linearer Zusammenhang zwischen Energieabgabe der Alphateilchen und der Impulshöhe. Für die Zeitauflösung sind hier die Anregung und der Abklingprozess relevant, es ergibt sich eine sehr hohe Detektionsrate um 10^9 Teilchen pro Sekunde. Das Ansprechvermögen hier ist sehr gut.[4]

e) "Wie funktioniert ein Vielkanalanalysator?"

Das Prinzip ist, die verschiedenen Intensitäten der einzelnen Impulse auf verschiedene Kanäle umzuleiten. Dies geschieht über die Pulshöhenanalyse. Die Impulshöhen entsprechen in diesem Fall Spannungen von 0-10 Volt. Diese werden linear auf eine bestimmte Anzahl von Kanälen, die meist eine Zweierpotenz ist, umgeleitet. Der Vielkanalanalysator sortiert die Eingangssignale nach den Pulshöhen und leitet sie auf den passenden Kanal um. Man sieht dann die Anzeige der Impulse mit der entsprechenden Intensität. Dies geschieht durch einen Analog-Digital-Wandler. Dieses Gerät wird an einen Detektor angeschlossen, beispielsweise an ein Zählrohr.

f) "Was versteht man unter der Totzeit bei einem Geiger-Müller-Zählrohr und bei einem Gamma-Spektrometer? Wodurch wird sie bei der Praktikumsapparatur bestimmt?"

Die Totzeit bezeichnet bei einem Geiger-Müller-Zählrohr die Mindestzeit zwischen der Detektion zweier radioaktiver Teilchen. Sie wird dadurch ausgelöst, dass durch Stoßionisation Teilchen positiv geladen sind, und sich erst wieder an der Kathode neutralisieren müssen, zudem muss die entstandene Elektonenwolke gelöscht werden. das führt dazu, dass das Zählrohr eine Weile braucht, um weitere Teilchen zu registrieren. Bei einem Gamma-Spektrometer bezeichnet man mit der Totzeit die kürzeste Zeitspanne zwischen zwei Detektionen auf dem Vielkanalanalysator, welche maßgeblich von der Rekombination der Elektron-Loch-Paare abhängt. Bei unserer Apparatur hängt sie von der Kanalnummer und dem Verstärker ab und liegt bei etwa 10 Nanosekunden, was zum Großteil vom Verstärker abhängt.

g) "Warum ist bei den Absorptionsmessungen eine Berücksichtigung der Totzeit notwendig?"

Die Berücksichtigung der Totzeit ist deshalb erforderlich, weil hier die absolute Zahl der Impulse entscheidend ist und verhältnismäßig viele Impulse zu erwarten sind, bei dem nach jedem eine Totzeit folgt.

Während der Totzeit ist der Detektor nämlich nicht in der Lage, weitere Zerfälle zu detektieren. Bei der Nichtberücksichtigung träte ein systematischer Fehler auf.

h) "Durch Überlagerung von Pulsen ergeben sich Fehler bei der Pulshöhenanalyse. Wie groß ist die Wahrscheinlichkeit, dass sich 2 Pulse teilweise überlagern, wenn die Pulsdauer tp und die Zahl der Pulse pro Zeiteinheit z beträgt? Wodurch wird tp bei der vorliegenden Apparatur bestimmt: durch die Gammaemission, durch die Detektorzeitkonstante, durch die Zeitkonstante von Verstärker oder Vorverstärker oder durch die A/D-Wandlung?"

Radioaktive Zerfälle unterliegen der Poisson-Statistik, sofern die Messzeit wesentlich kürzer ist als die Halbwertszeit. In diesem Fall gilt $\lambda = z \cdot t_P$, wobei λ der entsprechende Parameter der Poissonverteilung ist. Damit lässt sich die Wahrscheinlichkeit für mindestens zwei Impulse im entsprechenden Zeitraum bestimmen.

$$P(n \geq 2) = 1 - P(n = 0) - P(n = 1) = 1 - \frac{(z \cdot t_P)^0}{0!} e^{-z \cdot t_P} - \frac{(z \cdot t_P)^1}{1!} e^{-z \cdot t_P} = 1 - e^{-z \cdot t_P}(1 + z \cdot t_P)$$

i) "Während einer bestimmten Zeit werden N Impulse registriert. Wie groß ist der statistische Fehler dieser Zahl? Lässt sich dieser Fehler verkleinern, wenn man die Gesamtereignisse N auf n kürzere Einzelintervalle aufteilt und den Standardfehler für diese n Messreihen ermittelt?"

Die Zählraten unterliegen der Poisson-Statistik. Nach dieser Statistik ist der Erwartungswert einer Zufallsgröße gleich λ. Die Varianz ist gleich dem Erwartungswert. Damit ist die Standardabweichung $\sqrt{\lambda}$. Der statistische Fehler meint das Verhältnis von Standardabweichung zu dem Erwartungswert, das bedeutet

$$\Delta = \frac{\sqrt{\lambda}}{\lambda} = \frac{1}{\sqrt{\lambda}}$$

Das Signal-Rausch-Verhältnis ist der Kehrwert der obigen Größe.

Damit folgt, da der Erwartungswert die zu erwartende Zahl der zu registrierenden Impulse ist, dass der statistische Fehler $\sqrt{N}$ beträgt. Wenn man die Messreihen splittet, folgt für den Standardfehler

$$s = \frac{\sigma}{\sqrt{N}}$$

Hierbei ist n der Standardfehler der kleineren Messreihen. Der Fehler der Messreihen sinkt zwar, aber der Mittelwert ebenfalls, und damit erhöht sich der relative Fehler genau um das Maß, das als Fehler zu erwarten wäre, wenn gleich alle Messungen in einer Messreihe durchgeführt werden. Durch das Splitten der Messreihe wird also keine neue oder bessere Information gewonnen, es bringt also nichts um den Fehler zu reduzieren.

j) "Welches sind die biologischen Wirkungen von ionisierender Strahlung (Radioaktivität, Röntgenstrahlen etc.)?"

Der Schaden, der durch ionisierende Strahlung verursacht wird, hängt maßgeblich von der Dosis der Strahlung ab. Zunächst einmal bilden sich freie Radikale. Zudem muss zwischen kurzfristigen und langfristigen Symptomen unterschieden werden. Zunächst zu den kurzfristigen Symptomen Je nach Dosis sind zunächst Haarausfall, Änderungen im Blutbild oder Übelkeit möglich. Bei höheren Dosen sind Schäden am Knochenmark denkbar. Ist die Dosis noch höher, wird der Darmtrakt oder die Leber angegriffen.

Die Überlebenswahrscheinlichkeit sinkt mit steigender Strahlendosis. Diese Akutschäden sind einige Beispiele für mögliche Wirkungen.

Auch wenn die Strahlung zunächst einmal ohne Akutschäden überstanden wird, können jedoch Langzeitfolgen auftreten, wie statistische Schäden, beispielsweise Krebs.[5] Daher ist es enorm wichtig, die erhaltene Dosis so gering wie möglich zu halten.

k) "Wie ist die biologisch wirksame Strahlendosis definiert? Welches ist ihre Einheit?"

Zunächst wird die Äquivalentdosis $H = Q \cdot D$ berechnet, die die Energiedosis D mit einem Gewichtungsfaktor Q für die Strahlungsart multipliziert (z.B. 20 für Alphastrahlung). Die Organdosis schließlich berechnet die Energiedosis, die auf ein bestimmtes Organ wirkt, mit der Gewichtung der Strahlungsart. Hier wird für D nur die Energie auf ein bestimmtes Organ berechnet Es gilt die Formel $H_O = Q \cdot D_O$. O bezeichnet das betroffene Organ. Diese Organdosis muss noch mit sogenannten Gewebewichtungsfaktoren multipliziert werden, die angeben, wie empfindlich die einzelnen Gewebe auf ionisierende Strahlung reagieren. Die Gewebe mit hohen Zellteilungsraten sind hier die mit den höchsten Faktoren, da sich ein Schaden hier am schnellsten ausbreitet. Werden verschiedene Organe bestrahlt, müssen die effektiven Dosen aufsummiert werden. Es gilt also

$$E = \sum_O H_O \cdot w_O$$

Dabei ist w der Gewebewichtungsfaktor. Die Einheit lautet auch hier Sievert (Sv).

l) "Was sind die Hauptunterschiede zwischen einem Alpha und einem Gammaspektrum? Wie ändert sich jeweils das Spektrum bei Einbringen zusätzlicher Absorberfolien in den Strahlengang?"

Alphastrahlung hat ein diskretes Energiespektrum. Im Idealfall sieht man also einen scharfen Peak bei der Energie, die durch den Massendefekt bestimmt wird. Allerdings können noch Störungen durch Wechselwirkungen der Alphastrahlung mit der Probe stattfinden, was dazu führt, dass einige Messungen bei niedrigerer Energie stattfinden werden. Bei Gammastrahlung ist die Energie ebenfalls diskret, allerdings sind hier mehrere Linien aufgrund der verschiedenen Energieniveaus möglich. Die einzige Verbreiterung tritt hier aufgrund der Energie-Zeit-Unschärfe-Relation auf.

Beim Einbringen von Absorberfolien wird Gammastrahlung kaum abgeschwächt, da diese Strahlung auf wenigen Millimetern kaum ionisiert. Das Gammaspektrum verliert also an Intensität, dieser Effekt ist aber nur bei dicken Folien sichtbar.

Alphastrahlung wird allerdings schon von einer Folie (fast) komplett abgeschirmt, was das Spektrum wertlos macht, da dann keine Peaks mehr erkannt werden können. Da diese Strahlung schon auf wenigen Zentimetern sehr viel Energie abgibt, verschiebt sich das Spektrum zu niedrigeren Energien hin. So können aber Alpha- und Gammastrahlung unterschieden werden.

m) "Was sagt die Geiger-Nuttall-Regel aus? Von welchem physikalischen Effekt geht ihre Herleitung aus?"

Die Geiger-Nuttall-Regel liefert eine grobe Abschätzung der Halbwertszeiten von Alphastrahlern. Diese Abschätzung benötigt die Energie der Alphateilchen und die Kernladungszahl der Atomkerne. Die Formel lautet in der einfachsten Form

$$\lg \frac{T_{1/2}}{s} = a_1 \frac{Z}{\sqrt{E}} + a_2$$

Sie ist jedoch gerade bei Nukliden mit sehr kurzen oder langen Halbwertszeiten recht ungenau, liefert aber eine erste Abschätzung.[6] Die Formel baut auf dem Tunneleffekt und seiner Wahrscheinlichkeit auf.

n) "Wie lautet die Bethe-Bloch-Formel für Alphateilchen? Auf welchen Näherungen beruht sie? Welche Abhängigkeit liefert sie für die Energie E(x) von Alphateilchen beim Durchtritt durch Materie der Dicke x?"

Diese Formel gibt die Abhängigkeit des Energieverlustes durch Ionisation auf einer definierten Weglänge. Sie lautet[7]

$$-\frac{dE}{dx} = 2\pi N_A r_e^2 m_e c^2 \rho \frac{Z}{A} \frac{q^2}{\beta^2} \left[\ln\left(\frac{2m_e \gamma^2 v^2 W_{max}}{I^2} \right) - 2\beta^2 \right]$$

Diese Formel kann für Alphateilchen nichtrelativistisch genähert werden. Damit ergibt sich[5]

$$-\frac{dE}{dx} = \frac{2\pi \cdot z^2 e^4}{m_e v^2} N_e \ln \frac{2m_e v^2}{I}$$

Um den Energieverlust und damit die Energie zu errechnen, muss diese Gleichung nach x integriert werden, und berücksichtigt werden, dass die Geschwindigkeit und die Energie nicht unabhängig sind, was zu einer Differentialgleichung der Form

$$E' = \frac{a}{E} \ln \frac{E}{b}$$

führt. Diese Gleichung ist nichtlinear. Benutzen wir allerdings die Näherung, dass die Energieabgabe klein ist, können wir obige Gleichung nach x integrieren und die Energiedifferenz von der Ausgangsenergie abziehen, das liefert

$$E_{out} = E_{in} \frac{2x\pi \cdot z^2 e^4}{m_e v^2} N_e \ln \frac{2m_e v^2}{I},$$

wobei x die Dicke der zu behandelnden Schicht ist. Ohne diese Näherung bringt die Integration auch analytische Algebrasysteme wie WolframAlpha an ihre Grenzen.

o) "Wie viele (und welche) radioaktive Zerfallsreihen gibt es prinzipiell? Welche davon kommen in der Natur vor?"

Zerfallsreihen beschreiben, welche Nuklide in andere zerfallen und führen von einem Ausgangsnuklid über mehrere Zwischenprodukte zum stabilen Endprodukt. Da hauptsächlich Alphazerfälle auftreten, ist der Rest der Massenzahl bei einer Division durch vier wichtig. Man unterscheidet hierbei vier Zerfallsreihen.

Bezeichnung	A modulo 4	Ausgangsprodukt	Endprodukt
Thorium-Reihe	0	Thorium-232	Blei-208
Neptunium-Reihe	1	Plutonium-241	Thallium-205
Uran-Radium-Reihe	2	Uran-238	Blei-206
Uran-Actinium-Reihe	3	Uran-235	Blei-207

Die Neptunium-Reihe kommt als einzige so nicht (mehr) in der Natur vor. Der letzte Zerfall hat eine Halbwertszeit von Trillionen von Jahren, daher endet die Zerfallsreihe in der praktischen Beobachtung bei Bismut-209.

3. Versuchsaufbau und Messtechniken

Die Gammastrahlung wird mithilfe eines Germaniumkristalls gemessen. Das Germanium dient als Halbleiter im Halbleiterdetektor, dessen Funktionsweise bereits bei einer der zahlreichen Fragen zur Vorbereitung beschrieben wurde. Der Detektor hat die Größe einer Faust und benötigt das Volumen, um genügend Wechselwirkungen mit der Gammastrahlung zu erreichen.

Alphastrahlung wird mithilfe einer Siliziumphotodiode nachgewiesen. Hierbei wird das hohe Ionisierungsvermögen genutzt. Hier ist die Größe der Fläche der Photodiode ausschlaggebend. Die abgegebene Energie kann im Idealfall der Gesamtenergie der Teilchen entsprechen, weil Alphastrahlung sehr stark mit dem Target wechselwirkt. Das Ausgangssignal ist hiermit proportional zur Energiemenge. Eine dünne Sperrschicht wird verwendet, weiterhin kann eine Lochblende verwendet werden, um Störstrahlung oder Licht abzublocken. Anschließend werden die Signale an einem Computer und den damit verbundenen Vielkanalanalysator angeschlossen. Wichtig ist während des gesamten Versuchs der Strahlenschutz.

Der Gamma-Detektor muss zunächst mit Flüssigstickstoff heruntergekühlt werden.
Als Erstes soll das Spektrum von Cobalt-60 bei verschiedenen Auflösungen betrachtet werden. Die Halbwertsbreite einzelner Linien soll gemessen werden, um ein Maß für die Energieauflösung zu erhalten.
Eine Eichgerade wird durch Verwenden von Strahlung von wohldefinierter und bekannter Energie erstellt, um die Kanalnummern später eindeutig Energien zuordnen zu können. Steigung und y-Achsenabschnitt werden errechnet.
Als Nächstes wird die Absorption mit Cäsium-137 untersucht, dazu werden die Intensitäten für verschiedene Schichtdicken mehrmals gemessen und diese Messungen für Aluminium, Eisen und Blei durchgeführt.
Mit den erhaltenen Ergebnissen ist es umgekehrt auch möglich, Schichtdicken durch den exponentiellen Zusammenhang zu ermitteln. Hier wird eine Americum-241-Quelle verwendet und die Zählraten gemessen.
Nun wird eine Uranerzprobe untersucht und die einzelnen Linien Isotopen zugeordnet. Zudem werden hier erneut Absorptionsmessungen mit Blei durchgeführt. Diese Messung erfordert wegen der geringen Zählraten viel Zeit (ca. 60 min pro Messung).
Als letzter Teil der Gamma-Versuchsreihe wird die Untergrundstrahlung spektralanalysiert.
Bei den Alphateilchen stehen zwei unterschiedlich empfindliche Dioden zur Verfügung. Zunächst wird eine Radiumquelle und ihr Spektrum analysiert und damit kann eine

Energieeichung erfolgen. Diese Messung wird mit einem anderen Blendendurchmesser wiederholt.

Als zweiter Teil wird die Absorption der Strahlung durch Luft und Folien untersucht, einmal mit variablem Abstand für die Luft-Messung und mit konstantem Abstand für die Mylarfolien.

Im letzten Versuchsteil wird Umweltradioaktivität untersucht. Bei allen Versuchen ist es das Ziel, die beteiligten Isotope zu ermitteln und ein Spektrum aufzunehmen. Folgende Objekte stehen zur Verfügung:

- Luft unter Verwendung einer Plastikkappe mit Beobachtung der zeitlichen Entwicklung des Spektrums. Auch der Germaniumdetektor wird verwendet.
- Zeiger einer alten Taschenuhr, auch diese Messung dauert über Nacht (12 Stunden)

4. Messprotokoll

Datum: 13.9.2017
Uhrzeit: 08:15-18:00
Raumnummer: 0.07 (B 11)
Messungen Alphaspektroskopie: Moritz
Messungen Gammaspektroskopie: Niklas
Verwendete Geräte: ELUB Verstärker 2011(2/182/1) und 3100-02(2/182/3)
                        Vielkanalanalysator, Inv-Nr 84234, Gamma2K/4K
                        Auswertesoftware
                        Emetron Kühler Inv-Nr 6691

4.1. γ-Spektroskopie

4.1.1. Energieeichung

Drei Proben mit bekannten Energiespektren (Am-241 (0,0594MeV), Cs-137 (0,6616MeV), Co-60 (1,1732MeV, 1,3325MeV)) werden nacheinander in den Aufbau eingeschraubt. Deren Spektren werden mithilfe der Software ausgelesen. In der Auswertung soll daraus die Eichgerade zwischen Kanalnummer und Energiewert bestimmt werden.

4.1.2. Massenabsorptionskoeffizienten

Wir verwenden für jede Messreihe Cs-137 als Strahlenquelle und messen immer einen Referenzwert ohne Absorbermaterial. Die Anzahl der Schichten wurde hier in Zweierpotenzen verändert. Wir notieren den Wert des Integrals über den charakteristischen Peak des Zerfalls und auch berechnen damit die Zählrate. Die linke Integralgrenze stand konstant auf 1721, die rechte auf 1773. Die Messung wurde nach einem Wert von mindestens 2000 des Integrals gestoppt. Der Fehler der Messzeit kann gegen den des Integrals (Poisson, Wurzel des Messwerts) vernachlässigt werden.

<u>a) Messung mit Plastikfolie</u>
Die Dicke einer 16-schichtigen Mylarfolie beträgt 0,2 mm.

Schichten	Integral	Fehler	Messzeit	Zählrate	Fehler
0	2553	51	104,462	24,4	0,5
1	3914	63	160,775	24,3	0,4
2	2094	46	83,803	25,0	0,5
4	4900	70	202,177	24,2	0,3
8	2888	54	115,875	24,9	0,5
16	5192	72	209,938	24,7	0,3

b) Messung mit Alufolie

Die Dicke einer 16-schichtigen Alufolie wurde zu 0,21mm ermittelt.

Schichten	Integral	Fehler	Messzeit	Zählrate	Fehler
0	2792	53	115,246	24,2	0,5
1	2123	46	85,611	24,2	0,5
2	2770	53	111,816	24,8	0,5
4	2565	51	108,705	23,6	0,5
8	2864	54	116,015	24,7	0,5
16	2385	49	100,364	23,8	0,5

c) Messung für Aluplatten

Eine Scheibe hat eine Dicke von 10,1mm.

Schichten	Integral	Fehler	Messzeit	Zählrate	Fehler
0	2895	54	117,922	24,6	0,5
1	2918	54	144,840	20,1	0,4
2	2650	51	166,253	15,9	0,3
4	2075	46	193,270	10,7	0,2
6	2016	45	290,803	6,9	0,2
10	2021	45	609,939	3,3	0,1

d) Messung für Stahlplatten

Eine der Platten ist 10,0mm dick.

Schichten	Integral	Fehler	Messzeit	Zählrate	Fehler
0	3266	57	129,672	25,2	0,4
1	2094	46	149,677	14,0	0,3
2	2157	46	263,730	8,2	0,2
3	3097	56	648,298	4,8	0,1
4	2091	46	726,931	2,9	0,1
6	2138	46	2137,373	1,0	0,1

e) Messung für Bleiplatten

5 Bleiplatten sind 5,30mm dick.

Schichten	Integral	Fehler	Messzeit	Zählrate	Fehler
0	2720	52	109,665	24,8	0,5
1	2069	45	96,308	21,5	0,5
2	2035	45	103,311	19,7	0,4
4	2057	45	134,161	15,3	0,3
10	2012	45	259,3	7,8	0,2
20	2103	46	814,925	2,6	0,1

4.1.3. Schichtdickenmessung

Wir messen die Anzahl der Zerfälle von Am-241 innerhalb der Grenzen 148 und 180 für jeweils 100s. Wir führen die Messungen mit und ohne Alufolie alternierend durch. Als Abschirmung zwischen Probe und Detektor verwenden wir 64 Schichten Alufolie.

Messreihe	Ohne Alufolie	Mit Alufolie
1	2567	2440
2	2514	2361
3	2526	2351
4	2565	2473

4.1.4. Uranerzprobe

Laut der Angabe des Programms handelt es sich bei einer der Linien um Cäsium-137. Die Messdauer ohne Blei beträgt per Einstellung 3600s und die Messdauer mit Blei per Einstellung 5400s.

4.1.5. Untergrundspektrum

Wir messen über Nacht die Gammastrahlung des Untergrundes. Für die Messung lassen wir den Gamma-Detektor mit aufgesetztem Probenhalter ohne Probe über Nacht stehen. Unsere Messung wurde leider am späten Abend durch einen Neustart des Messcomputers wegen Windows Update beendet. Wir verwenden für die Auswertung deshalb die Messdaten der Gruppe, die am Tag vor uns die Messung durchführte.

4.2. α-Spektroskopie

4.2.1. Energieeichung

Bei einer 1mm Blende wird über 10 Minuten das Spektrum einer Radium-226 Probe vermessen. Die Einstellungen des Verstärkers sind Coarse 30 und Fine 6,0.

4.2.2. Variation des Blendendurchmessers

Wir wiederholen die obige Messung mit einer 3mm Blende.

4.2.3. Absorption von α-Strahlen in Luft und durch Mylarfolien

Wir messen weiterhin mit einer 3mm Blende das Spektrum der Radium-Probe. Wir führen zunächst mehrere zehnminütige Messungen in Abständen zwischen Probe und Detektor von 10, 15, 20, 30, und 50mm durch. Anschließend machen wir mehrere Messungen im Abstand 5mm, wobei wir zwischen Probe und Detektor 1, 2, 4, 8 und 16 Schichten Mylarfolie einbringen.

4.2.4. Radioaktivität durch Radon in der Luft

Wir laden ein Metallplättchen mit einem Plastikstab elektrostatisch auf und lassen es in einem unbelüfteten Raum des B11 Gebäudes einige Minuten liegen. Dadurch sammeln sich Polonium-Ionen auf der geladenen Oberfläche. Polonium-218 ist das Zerfallsprodukt von Radon-222. Es ist in der Luft ionisiert, da beim Zerfall ein Teil der

Zerfallsenergie in Form von kinetischer Energie auf den Tochterkern übertragen wird, sodass dieser bei Stößen mit anderen Molekülen in der Luft Elektronen verliert und als positiv geladenes Ion vorliegt.

Das Metallplättchen schrauben wir direkt an eine Photodiode, welche sich in einer Vakuumkammer befindet, damit die wenigen Alphateilchen nicht durch Kollisionen mit Luftmolekülen Energie verlieren.

Für die Messung senken wir den Verstärkungsfaktor auf Coarse 10 und Fine 7,0.

4.2.5. Radioaktivität eines phosphoreszierenden Uhrzeigers

Über Nacht führen wir eine zwölfstündige Messung der Radioaktivität eines Zeigers einer alten Taschenuhr durch. Wir befestigen den Zeiger für die Messung direkt vor der Photodiode, welche mit einer 10mm Blende versehen ist. Um Signalstörungen durch Licht zu vermeiden, decken wir die Apparatur mit einem Tuch ab.

5. Auswertung

5.1. γ-Spektroskopie

5.1.1. Energieeichung

Unsere gemessenen Daten sind im folgenden Diagramm aufgetragen:

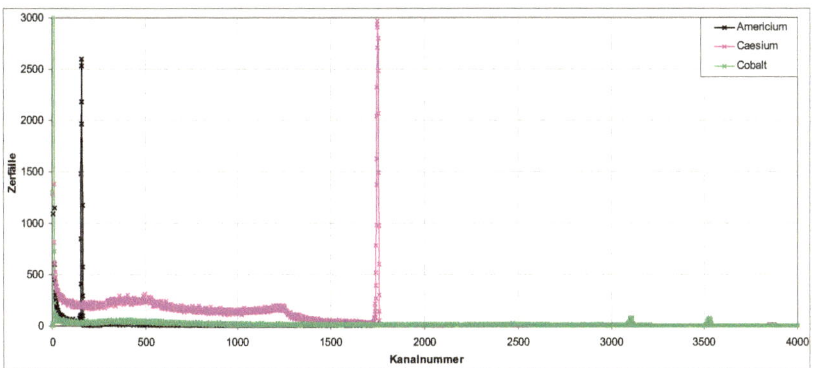

Abbildung 1: Gamma-Spektren von Am-241, Cs-137 und Co-60

Man erkennt deutlich die zwei hohen Peaks von Americium und Caesium sowie die Doppel-Peaks von Cobalt.

Wir bestimmen die Kanalnummern der zugehörigen Peaks.

Linie	Energie	Kanalnummer
Americium-241	0,0594MeV	158,4±1,0
Caesium-137	0,6616MeV	1751,8±1,0
Cobalt-60 (1)	1,1732MeV	3104,0±10,0
Cobalt-60 (2)	1,3325MeV	3525,5±10,0

Aus diesen Werten bestimmen wir mittels linearer Regression die Geradengleichung:

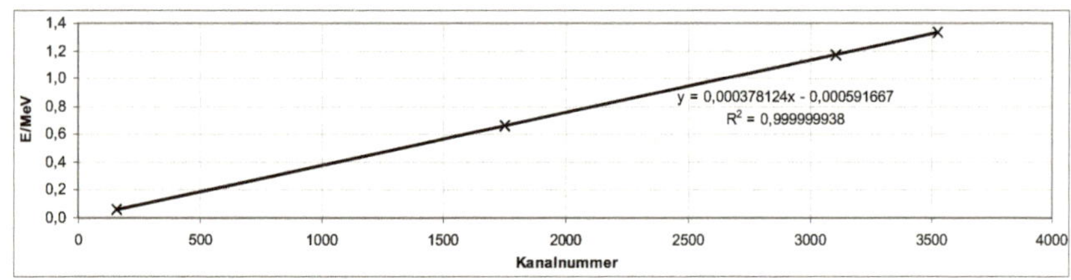

Abbildung 2: Bestimmung der Eichgeraden aus den Peaks von Abb.1 durch lineare Regression

$$E(N) = (3,78124 \cdot N - 5,91667) \cdot 10^{-4}\, MeV$$

Der Fehler der Umrechnung liegt in der achten Nachkommastelle und wird daher für die weitere Auswertung vernachlässigt.

Die Energien der Compton-Kanten zu den zwei Peaks von Cobalt bestimmen wir theoretisch zu

$$E_{Compton}(E_{Peak}) = \frac{E_{Peak}}{1 + \dfrac{m_e c^2}{2E_{Peak}}} = \begin{cases} 0,96339\,MeV \triangleq 2549 \\ 1,11811\,MeV \triangleq 2959 \end{cases}$$

Aufgrund zu niedriger Messdauer sind die Compton-Kanten für Cobalt in unserer Messung leider nicht mit ausreichender Sicherheit vom Rauschen abhebbar.

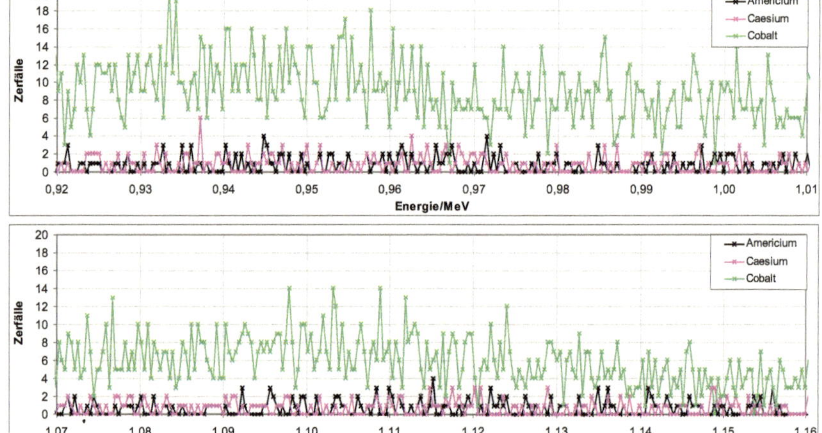

Abbildung 3: Die Compton-Kanten der Co-60 Doppelpeaks sind aufgrund einer zu kurzen Messdauer kaum erkennbar.

Bei Caesium hingegen sieht man die Compton-Kante bereits ohne Vergrößerung im Diagramm auf Seite 11. Daher bestimmen wir auch hierfür den theoretischen Wert zu

$$E_{Compton}(E_{Peak}) = \frac{E_{Peak}}{1 + \dfrac{m_e c^2}{2E_{Peak}}} = 0,47728\,MeV \triangleq 1264$$

In der Vergrößerung lässt sich die Kante am erwarteten Ort deutlich erkennen.

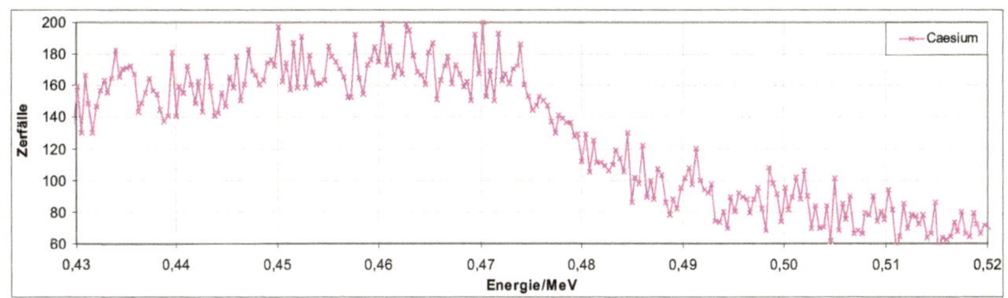

Abbildung 4: Compton-Kante von Cs-137 in Vergrößerung

5.1.2. Massenabsorptionskoeffizienten

Wir plotten unsere Messwerte und fitten Exponentialfunktionen an. Bei unseren Messungen zur Abschirmung zu Mylarfolie und Alufolie wird klar, dass sich Gammastrahlung durch dünne Folien überhaupt nicht abschirmen lässt.

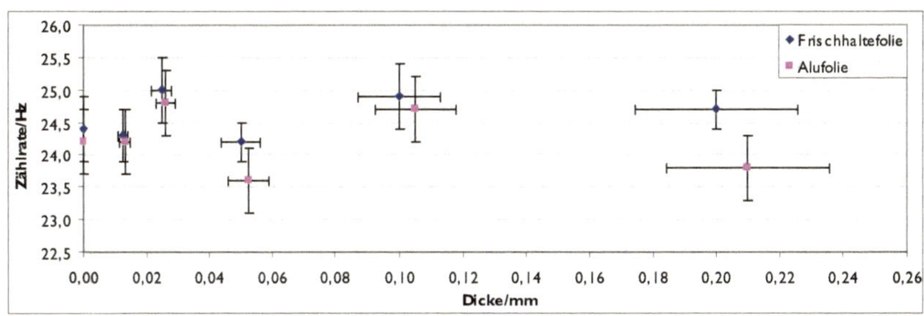

Abbildung 5: Gamma-Strahlung lässt sich durch Folien nicht abschirmen

Dickere Scheiben aus Aluminium, Stahl oder Blei zeigen hingegen eine deutliche Abschirmung:

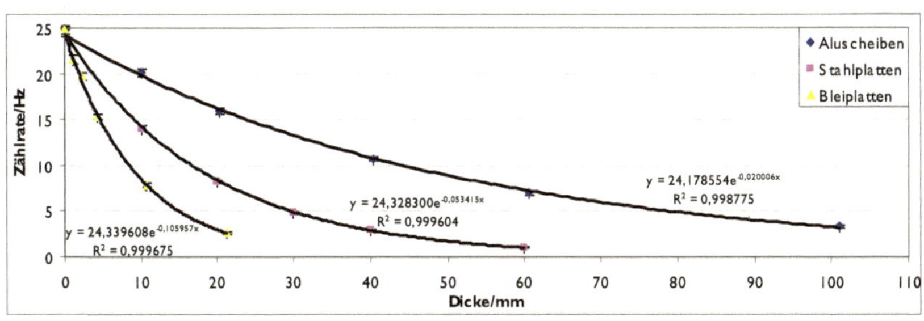

Abbildung 6: Die Intensität der Gammastrahlung fällt mit der Schichtdicke der Abschirmung exponentiell ab.

Für die Strahlungsintensität gilt folgende Abhängigkeit von der Materialdicke d und dem Massenabsorptionskoeffizienten μ:

$$I(d) = I_0 \cdot e^{-\mu d}$$

	Absorptionskoeffizient μ [1/mm]	Halbwertsdicke $d_H=\ln2/\mu$ [mm]	Dichte ρ [g/cm^3]	Massenabsorptionskoeffizient μ/ρ [m^2/kg]
Alu	0,020006	34,647	2,71	0,007382
Stahl	0,053415	12,977	7,86	0,006796
Blei	0,105957	6,542	11,40	0,009294

Die Ergebnisse stimmen mit den Literaturwerten (P. Marmier: Kernphysik I, Verlag d. Fachvereine an der ETH, Zürich 1968, S. 26) gut überein.

5.1.3. Schichtdickenmessung

Aus unseren vier Messungen bestimmen wir zunächst den Mittelwert und die Standardabweichung.

	Ohne Alufolie	Mit Alufolie
Mittelwert	2543,00	2406,25
Standardabweichung	27,02	59,71

$$I(0) = I_0 \cdot e^{-\mu \cdot 0} = I_0$$

$$I(d) = I_0 \cdot e^{-\mu d} = I(0) \cdot e^{-\mu d}$$

$$d = -\frac{1}{\mu}\ln\frac{I(d)}{I(0)} = -\frac{1}{0,85cm^{-1}}\ln\frac{2406,25}{2543,00} = 0,65029mm$$

$$s_d = \sqrt{\left(-\frac{1}{\mu \cdot I(d)} \cdot s_{I(d)}\right)^2 + \left(\frac{1}{\mu \cdot I(0)} \cdot s_{I(0)}\right)^2} = \sqrt{0,08523 + 0,01563}mm = 0,31758mm$$

Wir erhalten also eine Dicke von einer Schicht Alufolie von

$$d_{Folie} = \frac{(0,65 \pm 0,32)mm}{64} = (10 \pm 5)\mu m$$

Zum Vergleich: Mit dem Messschieber haben wir gemessen

$$d_{Folie} = \frac{0,21mm}{16} = 13\mu m$$

Im Rahmen des Fehlers ist unsere Schichtdickenmessung also korrekt.

5.1.4. Uranerzprobe

Die gemessenen Spektren der Uranerzprobe mit und ohne eine 1,06mm dicke Bleiplatte sehen mit unserer Energieeichung so aus:

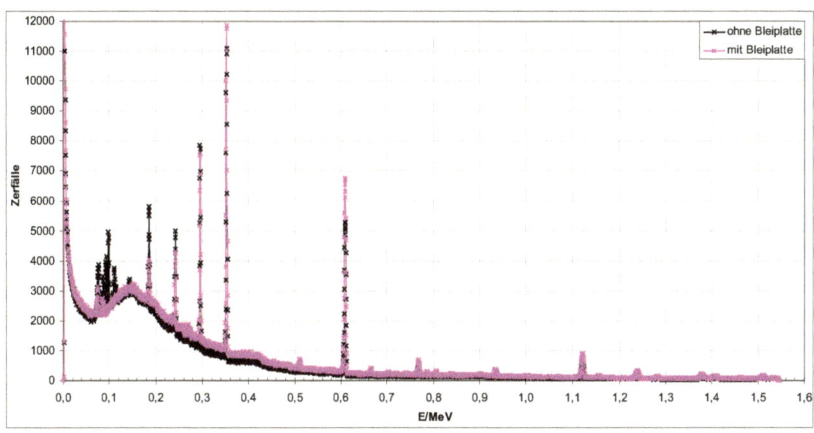

Abbildung 7: Gamma-Spektrum von Uranerz mit und ohne einer dünnen Bleiplatte als Abschirmung

Aus dem Spektrum ohne Bleiplatte bestimmen wir zahlreiche Peaks bei folgenden Kanalnummern:

Kanalnummer	Untergrund	Zerfälle	Energie [MeV]	Isotop	Literaturwert[8]
493±1	2625±10	5800	0,1858±0,0004	Ra-226	0,186210
641±1	1900±10	4992	0,2418±0,0004	Pb-214	0,241980
782±1	1120±10	7852	0,2951±0,0004	Pb-214	0,295210
933±1	800±10	11081	0,3522±0,0004	Pb-214	0,351920
1614±2	1570±10	5284	0,6097±0,0008	Bi-214	0,609310
2035±5	140±10	510	0,7689±0,0019	Bi-214	0,768360
2471±5	120±10	296	0,9338±0,0019	Bi-214	0,934060
2967±10	130±10	636	1,1213±0,0038	Bi-214	1,120300
3276±10	60±10	283	1,2381±0,0038	Bi-214	1,238100
3646±10	50±10	169	1,3780±0,0038	Bi-214	1,377700

All unsere Messungen stimmen mit den Literaturwerten bis einschließlich der zweiten Nachkommastelle überein. Die Zuordnung aller genannten Isotope ist eindeutig.

Aus den beiden Spektren berechnen wir nun den Massenabsorptionskoeffizienten

$$\frac{\mu}{\rho}(E) = -\frac{1}{d \cdot \rho} \ln \frac{I(d,E) \cdot t(0)}{I(0,E) \cdot t(d)} = -\frac{1}{1,06 \cdot 10^{-3}\, m \cdot 11,4 \cdot 10^3\, \frac{kg}{m^3}} \ln \frac{I(d,E) \cdot 3600s}{I(0,E) \cdot 5400s}$$

für jeden einzelnen Messpunkt sowie den zentrierten gleitenden Mittelwert über 50 Werte.

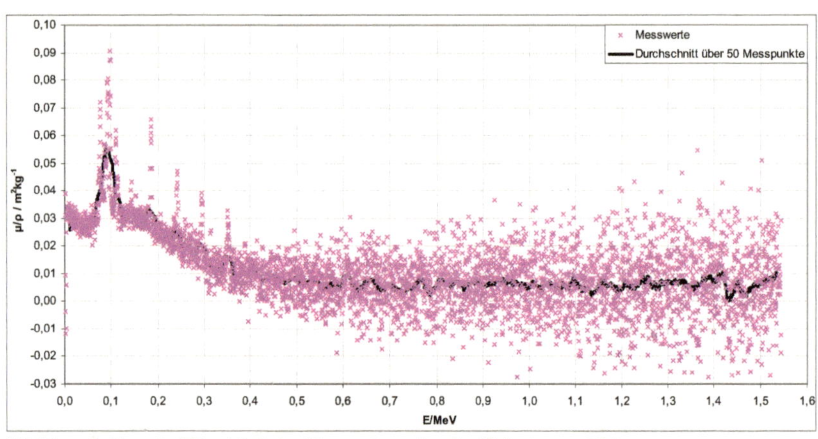

Abbildung 8: Energieabhängigkeit des Massenabsorptionskoeffizienten von Blei

Der Graph bestätigt nochmals unser Ergebnis für Blei in Kapitel 5.3.2. Bei den gemessenen Peaks ist der Massenabsorptionskoeffizient überraschenderweise deutlich höher als beim Untergrund. Zudem ist von 0,1 bis 0,6MeV ein Abfall erkennbar, der ab 0,6MeV auf einem Plateau bleibt. Der bewegte Durchschnitt glättet die Peaks des Massenabsorptionskoeffizienten zwar weg, erleichtert aber im Bereich ab 0,7MeV das Ablesen des Mittelwertes. Dort sind die Messwerte ungenau, da wir kleine Integerzahlen durch einander teilen.

Bei 0,088MeV befindet sich die K-Kante von Blei.[9] Wir finden dort das globale Maximum des Massenabsorptionskoeffizienten.

5.1.5. Untergrundspektrum

Wir verwenden für die Auswertung den Datensatz einer Messung vom Tag vor unserer missglückten Messung. Die Eichgerade dafür lautet

$$E(N) = \left(\left(3{,}774 \pm 0{,}0001\right)\cdot N + \left(1{,}17 \pm 3{,}62\right)\right)\cdot 10^{-4}\,MeV$$

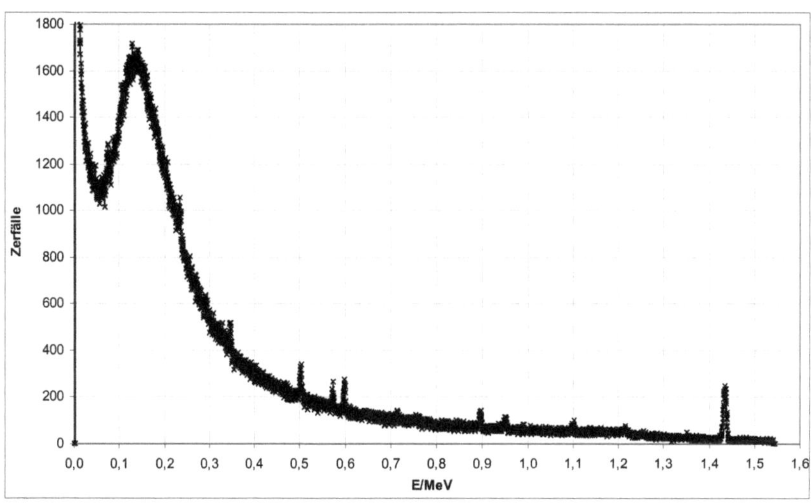

Abbildung 9: das Untergrundspektrum im B11 Gebäude

Analog zu 5.1.4. bestimmen wir wieder die Kanalnummern und Energien einiger Peaks.

Kanalnummer	Untergrund	Zerfälle	Energie [MeV]	Isotop	Literaturwert[7]
624±2	930±10	1057	0,2356±0,0008	Pb-212	0,238630
920±2	410±10	520	0,3473±0,0008	Pb-214	0,351920
1333±2	200±10	339	0,5032±0,0008	Tl-208	0,510840
1521±5	160±10	265	0,5741±0,0019	Tl-208	0,583140
1587±2	150±10	274	0,5991±0,0008	Bi-214	0,609310
2373±10	80±10	140	0,8957±0,0038	Ac-228	0,911070
2522±10	60±10	112	0,9519±0,0038	Ac-228	0,964600
2921±10	50±10	101	1,1025±0,0038	Bi-214	1,120300
3801±10	20±10	248	1,4346±0,0038	K-40	1,460800

Die gemessenen Energiewerte sind systematisch um etwa 2% niedriger als die Literaturwerte.

5.2. α-Spektroskopie

5.2.1. Energieeichung

Zunächst plotten wir unsere gemessenen Spektren für die zwei unterschiedlichen Blendendurchmesser sowie den zentrierten gleitenden Mittelwert über 20 Werte der 3mm Kurve:

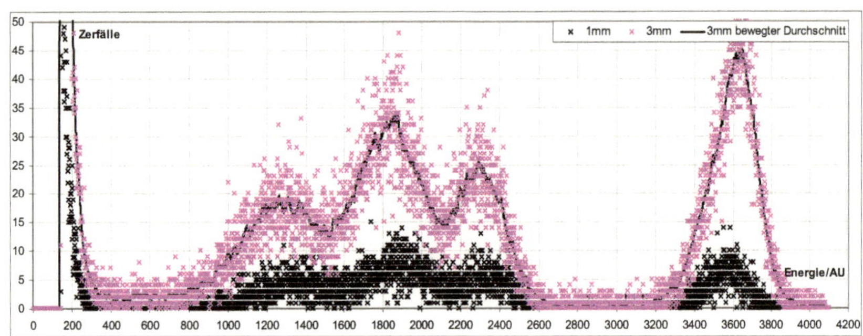

Abbildung 10: Alphaspektrum von Radium mit zwei unterschiedlichen Blendendurchmessern der Blende der Photodiode

Die Breite der Peaks wird dadurch verursacht, dass die α-Teilchen entweder senkrecht zur Ebene der Photodiode auf kürzestem Weg auf diese treffen können oder diagonal. Je größer der Blendendurchmesser ist, desto mehr α-Teilchen Erreichen den Sensor über einen diagonalen Weg. Je länger der Weg, desto stärker können die Teilchen von der Luft zwischen Probe und Sensor gebremst werden. Demnach erwarten wir für die größere Blende nicht nur mehr Intensität, sondern auch breiter ausgeschmierte Peaks.

In der Praxis sehen die Ergebnisse leider anders aus. Der Einfluss des Blendendurchmessers auf das Ausschmieren der Peaks ist geringer als angenommen und die Intensität der 1mm Blende ist nur sehr gering, vermutlich weil die Probe nicht auf den Zehntelmillimeter vor dem Loch der Blende ausgerichtet war.

Über den dritten des Dreifachpeaks (Po-218) sowie den rechten hohen Peak (Po-214) bestimmen wir die Eichgerade des Spektrums.

Linie	Zerfallsenergie[10]	Kanalnummer
Po-218	6,00MeV	2290±60
Po-214	7,69MeV	3632±30

Die Peaks sind recht breit und der Peak bei Kanal 1612 ist nur mit statistischen Hilfsmitteln überhaupt ausfindig zu machen. Der Fehler der Parameter der Geradengleichung liegt daher bereits in der zweiten Nachkommastelle.

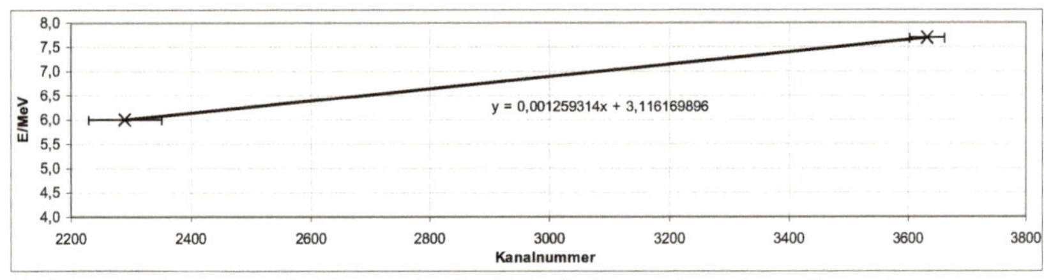

Abbildung 11: Bestimmung der Eichgeraden des Alpha-Spektrums durch lineare Regression

$$E(N) = \left((1{,}26 \pm 0{,}08) \cdot 10^{-3} \cdot N + (3{,}12 \pm 0{,}13) \right) MeV$$

An dieser Stelle möchten wir auch die Validität der Geiger-Nuttall-Regel für einige Isotope überprüfen. Die Geiger-Nuttall-Regel liefert einen Zusammenhang zwischen der kinetischen Energie des α-Teilchens und der Halbwertszeit des Zerfalls. Je größer die kinetische Energie eines α-Teilchens ist, desto kleiner ist der Bereich der Coulomb-Barriere, die das Teilchen durchtunneln muss und desto kürzer ist die Halbwertszeit.

$$\lg \frac{T_{1/2}}{s} = a_1 \frac{Z}{\sqrt{E}} + a_2$$

Um unschöne Einheiten der Konstanten a_1 und a_2 zu vermeiden, dividieren wir die Halbwertszeit im Logarithmus durch die Einheit Sekunde.

Isotop	Z	E/MeV	$T_{1/2}$/s
Ra-226	88	4,78	5,049E+10
Rn-222	86	5,49	3,283E+05
Po-218	84	6,00	1,830E+02
Po-214	84	7,69	1,640E-04
Po-210	84	5,30	1,196E+07

Durch lineare Regression fitten wir die Konstanten zu

$$a_1 = (1,48 \pm 0,03)MeV^{1/2}$$
$$a_2 = (-48,3 \pm 1,0)$$

Bereits für fünf Isotope liegt der Fehler in der zweiten Nachkommastelle.

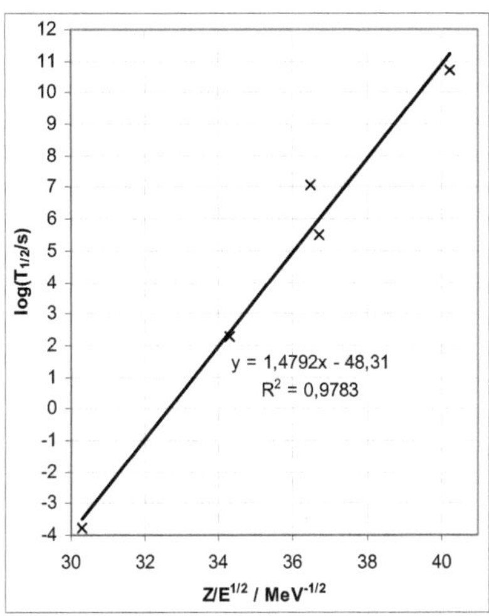

Abbildung 12: Validierung der Geiger-Nuttall-Regel anhand von fünf Isotopen

Der folgende Plot zeigt eine Auswertung der Geiger-Nuttall-Regel für alle 507 derzeit bekannten Alphastrahler, zu deren Mutter- und Tochterkernen alle für die Auswertung benötigten Daten aus Messungen bekannt sind. Die Daten stammen aus den Datenbanken von NIST (atomare Massen) und AMDC (Halbwertszeiten).[11]

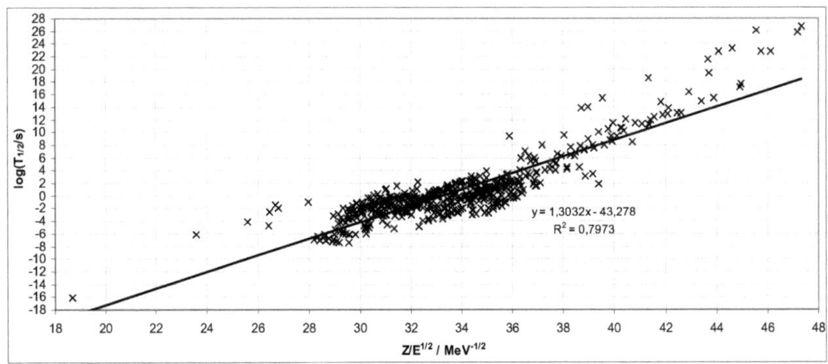

Abbildung 13: Validierung der Geiger-Nuttall-Regel an allen 507 derzeit bekannten Alphastrahlern in der Nuklidkarte, zu denen die notwendigen Daten experimentell bestimmt wurden

Aus dem Plot ist erkennbar, dass die Geiger-Nuttall-Regel keine Messdaten ersetzen kann und lediglich eine Abschätzung (20% Fehler) für die kinetische Energie des Alphateilchens bei bekannter Halbwertszeit oder für die Halbwertszeit bei bekannter kinetischer Energie des Alphateilchens liefert. Es gibt wie auch bei der Bethe-Weizsäcker-Formel zahlreiche Ausnahmen.

5.2.2. Variation des Blendendurchmessers

Wie im Spektrum in 5.2.1. ersichtlich ist, wird durch die 3mm Blende die Intensität signifikant erhöht. Als zweiter Effekt sind die Peaks des Spektrums der 3mm Blende etwas nach links verschoben, da die α-Teilchen einen längeren diagonalen Weg durch die Blende nehmen können und dadurch stärker gebremst werden. Interessanterweise ist der Peak be Kanal 3634 beim 3mm-Spektrum weiter links als beim 3mm-Spektrum. Wir vermuten eine zu ungenaue Justage der Photodiode als Ursache.
Zuletzt sollte das 3mm-Spektrum aufgrund der Möglichkeit der diagonalen Trajektorie breitere Peaks aufweisen, was wir aber experimentell nicht ausreichend bestätigen können.

5.2.3. Absorption von α-Strahlen in Luft und durch Mylarfolien

<u>a) Absorption durch Luft</u>

Wir plotten zunächst unsere gemessenen Spektren mit der oben bestimmten Energieeichung. Dabei fällt uns auf, dass die Datensätze einiger Reihen unvollständig sind, also nicht bis Kanalnummer 4096 gehen, sondern teilweise nur bis circa 2500. Der Grund dafür ist vermutlich ein Softwarefehler des Messprogramms. Dür die weitere Auswertung ist das allerdings nicht relevant, da wir nur den Peak von Po-218 ablesen. Wir ergänzen den Plot außerdem um die rechtsseitigen bewegten Durchschnitte über 20 Messwerte, sodass wir die Peaks genauer ablesen können.

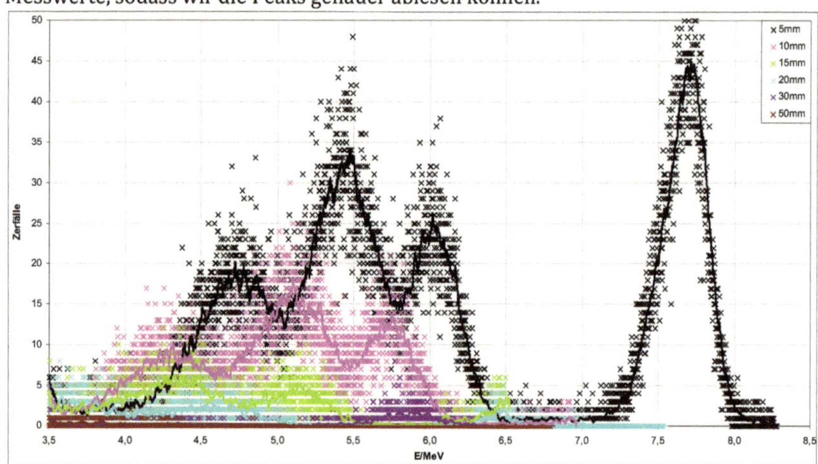

Abbildung 14: Abschirmung von Alphastrahlung durch einige Zentimeter Luft

Wir sehen eine Verschiebung der Spektren nach links sowie eine Verringerung der Zählrate mit zunehmendem Probenabstand.

Zur Untersuchung der Energieverschiebung lesen wir den dritten Peak des Dreifachpeaks (Po-218) ab. Bei der Messreihe für 50mm können wir aufgrund der niedrigen Zählraten nicht mehr mit ausreichender Sicherheit den Peak ablesen.

Abstand [mm]	Kanalnummer	Fehler	Energie [MeV]	Fehler [MeV]
5	2298	70	6,015	0,091
10	2068	70	5,726	0,091
15	1627	100	5,170	0,130
20	1193	300	4,623	0,390
30	259	500	3,446	0,650

Wir plotten die quadrierte Energie des Peaks in Abhängigkeit vom Probenabstand. Es ergibt sich ein linearer Zusammenhang.

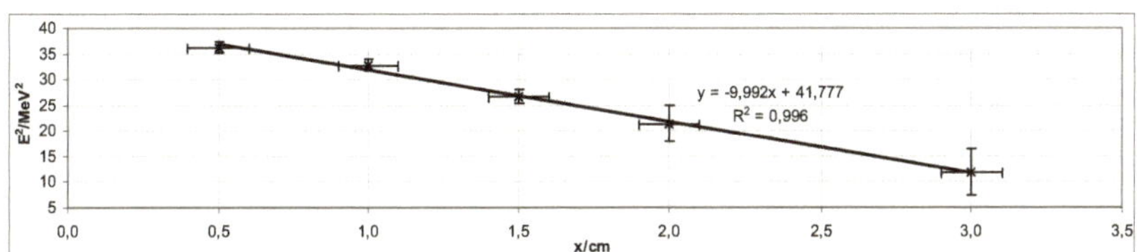

Abbildung 15: Die Abhängigkeit der quadratischen Energie vom Probenabstand ergibt einen linearen Zusammenhang.

Durch lineare Regression bestimmen wir den Betrag der Geradensteigung zu

$$k_{Luft} = (9,99 \pm 0,04)\frac{MeV^2}{cm}$$

b) Absorption durch Mylarfolien

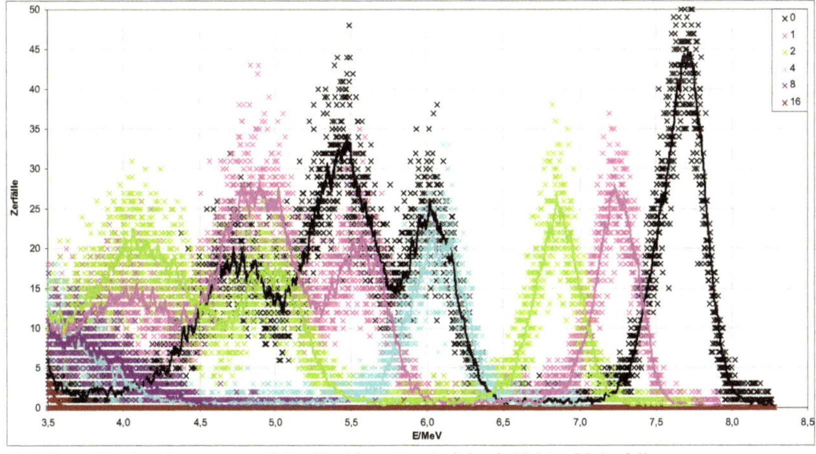

Abbildung 16: Abschirmung von Alpha-Strahlung durch einige Schichten Mylarfolie

Es ist deutlich erkennbar, dass mit einer zunehmenden Anzahl an Schichten Mylarfolie das Spektrum gleichzeitig weiter nach links verschoben wird und die Höhe der Peaks abnimmt.

Erklären lässt sich diese Beobachtung durch die Abbremsung der α-Teilchen durch die Mylarfolie.

Zur Analyse bestimmen wir die Kanalnummer des rechten Peaks (Po-214). Die letzte Messreihe ist leider wenig informativ.

Schichten Mylarfolie	Kanalnummer	Fehler	Energie [MeV]	Fehler [MeV]
0	3643	60	7,710	0,0756
1	3272	70	7,243	0,0882
2	2976	80	6,870	0,1008
4	2325	100	6,050	0,126
8	340	300	3,548	0,378

Wir plotten wieder die quadrierte Energie des Peaks in Abhängigkeit von der Schichtdicke. Es ergibt sich erneut ein linearer Zusammenhang.

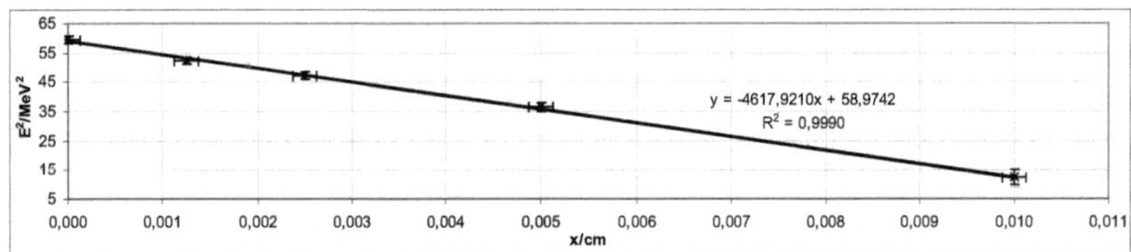

Abbildung 17: Die Abhängigkeit der quadratischen Energie von der Schichtdicke der Mylarfolie ergibt einen linearen Zusammenhang.

Den Betrag der Geradensteigung bestimmen wir durch lineare Regression zu

$$k_{Mylar} = (4618 \pm 5)\frac{MeV^2}{cm}$$

Die Konstanten k_{Luftr} und k_{Mylar} müssen folgender Bedingung genügen:

$$k \propto \frac{Z \cdot \rho}{A}$$

Dabei sind Z, A und ρ die Ordnungszahl, Massenzahl und Dichte des abschwächenden Mediums. Wir können also den Quotienten aus den Werten für Luft und für Mylar bilden, um die Proportionalität zu eliminieren.

$$\frac{k_{Luft}}{k_{Mylar}} = \frac{Z_{Luft} \cdot \rho_{Luft}}{A_{Luft}} \cdot \frac{A_{Mylar}}{Z_{Mylar} \cdot \rho_{Mylar}}$$

Da Luft ein Gemisch aus Stickstoff, Sauerstoff und Argon ist, berechnen wir die mittlere Ordnungszahl und Massenzahl aus den jeweiligen Anteilen der Bestandteile. Für die Luftdichte verwenden wir den Wert für T=20°C.[12] Mylar ist eine Bezeichnung für das Polymer Polyethylenterephthalat. Ein Polymer ist eine Kette aus Monomeren, deren Länge im Allgemeinen nicht genau bekannt ist. Da in die Rechnung allerdings nur der Quotient aus Ordnungs- und Massenzahl eingeht, genügt es, diesen Quotienten für ein Kettenglied ($C_{10}H_8O_4$) zu berechnen.[13] Damit erhalten wir

$$\left(\frac{k_{Luft}}{k_{Mylar}}\right)_{Theorie} = \frac{\left(0{,}78\cdot7 + 0{,}21\cdot8 + 0{,}01\cdot18\right)\cdot1{,}204\,\frac{kg}{m^3}}{\left(0{,}78\cdot14 + 0{,}21\cdot16 + 0{,}01\cdot40\right)}\cdot\frac{192}{100\cdot1680\,\frac{kg}{m^3}} = 6{,}86\cdot10^{-4}$$

Etwas abweichende Werte[14] liefern ein Ergebnis von

$$\left(\frac{k_{Luft}}{k_{Mylar}}\right)_{Theorie,2} = 8{,}3\cdot10^{-4}$$

Da der theoretische Wert direkt proportional zur Luftdichte ist und wir die Luftdichte im Versuchsraum nicht explizit gemessen haben, sollte dessen Fehler mit mindestens 10% des Wertes abgeschätzt werden.

In unseren Experimenten haben wir gemessen

$$\left(\frac{k_{Luft}}{k_{Mylar}}\right)_{Experiment} = \frac{9{,}99}{4618} = 2{,}16\cdot10^{-3}$$

Damit liegt unsere Messung um einen Faktor 3 neben der Theorie. Die Fehlerrechnung alleine kann diese Abweichung nicht rechtfertigen. Wir vermuten als Fehlerquelle, dass wir das Experiment mit den Mylarfolien nicht im Vakuum durchgeführt haben und somit die Abschirmung aller Messreihen durch die Luft äquivalent erhöht war, sodass der Unterschied zwischen den Messreihen geringer war, was zu einem zu kleinen Wert für k_{Mylar} führte.

Eine weitere mögliche Fehlerquelle ist, dass wir für die Auswertungen bei Luft und Mylar unterschiedliche Zerfälle in unterschiedlichen Energiebereichen betrachtet haben.

5.2.4. Radioaktivität durch Radon in der Luft

Das folgende Diagramm zeigt das gemessene Spektrum nach 2, 5, 10, 20, 30 und 45 Minuten. Wir haben wieder die rechtsseitigen Mittelwerte über 20 Kanäle eingezeichnet.

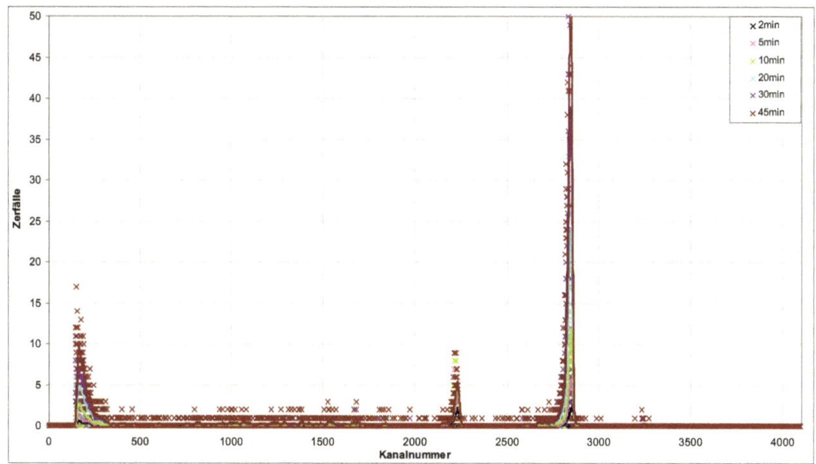

Abbildung 18: Radioaktivität des elektrostatisch geladenen Metallplättchens, auf dessen Oberfläche sich die Zerfallsprodukte von Rn-222 angesammelt haben

Man sieht, dass durch die längere Messzeit die Intensität des Spektrums zunimmt. Zudem erscheinen in gewissen Zeitintervallen charakteristische Peaks der Zerfälle von

Isotopen der Radon-Zerfallsreihe. Da wir für diese Messung andere Verstärkereinstellungen gewählt haben, bestimmen wir anhand der zwei hohen Peaks von Po-218 und Po-214 die Eichgerade des Spektrums.

Linie	Zerfallsenergie[15]	Kanalnummer
Po-218	6,00MeV	2221±5
Po-214	7,69MeV	2836±5

Wir erhalten die Eichgerade

$$E(N) = \left((2{,}75 \pm 0{,}18) \cdot 10^{-3} \cdot N + (0{,}10 \pm 0{,}03)\right) MeV$$

Anhand der zwei hohen Peaks von Po-218 und Po-214 haben wir die Anwesenheit von Rn-222 in der Luft eindeutig nachgewiesen.

Wir wollen uns nun den zeitlichen Verlauf der Peaks von Po-218 und Po-214 genauer ansehen. Dazu betrachten wir folgenden Bereich der Uran-Radium-Zerfallsreihe:

$$^{218}_{84}Po \xrightarrow{\ \alpha\quad t_H=183s\ } {}^{214}_{82}Pb \xrightarrow{\ \gamma,\beta^-\quad t_H=1608s\ } {}^{214}_{83}Bi \xrightarrow{\ \gamma,\beta^-\quad t_H=1194s\ } {}^{214}_{84}Po \xrightarrow{\ \alpha\quad t_H=0{,}000164s\ } {}^{210}_{82}Pb$$

Wir berechnen für unsere 6 Messreihen jeweils das Integral über die Peaks von Po-218 (Kanalnummern 2200-2268) und Po-214 (Kanalnummern 2780-2890).

Wir sehen, dass der Zerfall von Po-218 asymptotisch ansteigt. Das liegt daran, dass auf unserem Metallplättchen zu Beginn nur begrenzt viele Po-218-Ionen (etwa 150) waren, die mit einer Halbwertzeit von 183s zerfallen sind. Irgendwann sind keine Mutterkerne mehr da.

Der Tochterkern Pb-214 zerfällt über Beta-Minus-Zerfall zu Bi-214 und das über einen weiteren Beta-Minus-Zerfall schließlich zu Po-214, welches nahezu instantan (Halbwertszeit 164µs) zu Pb-210 unter Aussenden eines Alphateilchens zerfällt. In unserer Messung konnten wir einen zeitlichen streng monotonen Anstieg der Zerfälle von Po-214 feststellen. Das liegt an den zwei langsamen Beta-Minus-Zerfällen, welche die Produktion von Po-214

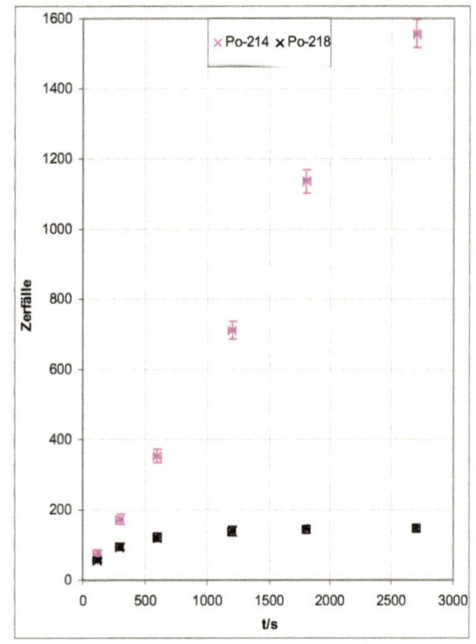

Abbildung 19: zeitlicher Verlauf der Zerfälle von Po.218 und Po-214

verzögern. Die Anzahl der gemessenen Zerfälle ist dabei sehr viel höher als die von Po-218, da zum Start der Messung bereits die Mehrzahl der Po-218-Ionen zerfallen war und auf dem Metallplättchen als Pb-214 oder Bi-214 vorlag. Auch für diese Kurve wäre für den weiteren zeitlichen Verlauf ein asymptotischer Anstieg zu erwarten, da die Anzahl der möglichen Zerfälle endlich ist. Die Zeitskala dafür ist durch die langsamen Beta-Zerfälle jedoch im Bereich von 40 Minuten.

5.2.5. Radioaktivität eines phosphoreszierenden Uhrzeigers

Die Verstärkereinstellungen bei dieser Messung entsprechen wieder denen von 5.2.1. Wir verwenden die dort bestimmte Eichgerade.

Im gemessenen Spektrum sind einige deutliche Peaks erkennbar. Die Asymmetrie der Peaks ist dadurch erklärbar, dass manche Alphateilchen nahezu ungebremst den Spalt zwischen Probe und Photodiode durchqueren (maximale kinetische Energie, steiler Abfall der rechten Seite der Peaks) während einige etwas gebremst am Detektor ankommen (flacher Abfall der linken Seite der Peaks).

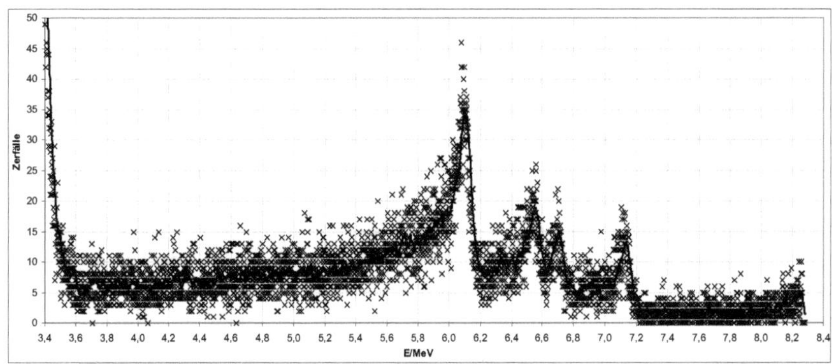

Abbildung 20: Radioaktivität eines Radium-haltigen Uhrzeigerblattes

Wir lesen vier deutliche Peaks ab.

Energie [MeV]	Isotop	Literaturwert[15,16] [MeV]
6,081±1	Ra-226	4,871
6,559±1	Rn-222	5,49
6,698±1	Bi-214	5,617
7,100±1	Po-218	6,00

Unsere Messwerte zeigen eine starke systematische Abweichung von den Literaturwerten. Das liegt an der nur ungenau bestimmbaren Eichgeraden.

6. Fazit

Nach einer viel zu aufwendigen Auswertung kommen wir zu dem Schluss, dass Alphastrahlung bereits durch wenige Zentimeter Luft vollständig abgeschirmt werden kann während Gammastrahlung kaum mit Materie interagiert. Weiterhin sind Strahlenquellen in der Natur allgegenwärtig, sei es in Form von Rn-222 oder K-40.

Wir konnten anhand zahlreicher Spektren Rückschlüsse auf die untersuchten Nuklide ziehen und Teile von deren Zerfallsreihen verifizieren.

Zuletzt weisen unsere Ergebnisse darauf hin, dass in einigen Versuchsräumen im B11 Gebäude die Luftqualität sehr schlecht ist. Wir raten insbesondere den Teilnehmern von Frequenzmodulationsspektroskopie, den Raum gut zu durchlüften.

7. Quellenverzeichnis

1   Martin Volkmer: *Radioaktivität und Strahlenschutz.* Köln, 2012, S.56

2   http://www-ekp.physik.uni-karlsruhe.de/~jwagner/WS0809/Vorlesung/
    tp_detektoren_02.pdf, Abruf 5.9.2017, S.3

3   https://de.wikipedia.org/wiki/Klein-Nishina-Wirkungsquerschnitt,
    Aufrufdatum: 05.09.2017

4   Allkofer: Teilchendetektoren, S. 58 ff. , 107 ff., 135 ff.

5   http://www.fvss.de/assets/media/jahresarbeiten/physik/
    von_der_entdeckung_der_radioaktivitaet_rosa_lemmermann.pdf,
    Aufrufdatum: 05.09.2017

6   https://de.wikipedia.org/wiki/Geiger-Nuttall-Regel, Aufrufdatum: 28.09.2017

7   http://wwwa1.kph.uni-mainz.de/Vorlesungen/WS06/FP-Seminar/wagner_
    energiemessung.pdf, S.2, Aufrufdatum: 05.09.2017

8   https://www.uni-giessen.de/fbz/fb07/fachgebiete/physik/einrichtungen/ipi/
    ag/ag9/lehre/prak/v3, S.18, Aufrufdatum: 17.09.2017, Angabe in MeV

9   H. Haken, H.C.Wolf: Atom- und Quantenphysik: Einführung in die experimentellen
    und theoretischen Grundlagen. 4. Auflage, Springer-Verlag, 2013, S. 322

10 https://de.wikipedia.org/wiki/Radon-Zerfallsprodukte,
    Aufrufdatum: 19.09.2017

11 http://projectphysx.netne.net/nuclide3d.html, Aufrufdatum: 04.10.2017

12 https://de.wikipedia.org/wiki/Luftdichte, Aufrufdatum: 03.10.2017

13 https://de.wikipedia.org/wiki/Polyethylenterephthalat,
    Aufrufdatum: 03.10.2017

14 Ch.E. Jäkel: Kernphysikalische Experimente mit dem PC. Verlag Deubner, Köln,
    1997. S.71f.

15 https://de.wikipedia.org/wiki/Radon-Zerfallsprodukte,
    Aufrufdatum: 19.09.2017

16 https://de.wikipedia.org/wiki/Radium, https://de.wikipedia.org/wiki/Bismut,
    Aufrufdatum: 19.09.2017